U0160790

うさことば词典

兔言兔语

[日] 森山标子　绘

日本Graphic社编辑部　编著

马济园译

中国友谊出版公司

图书在版编目（ＣＩＰ）数据

兔言兔语 ／（日）森山标子绘 ；日本Graphic社编辑部编著 ；马济园译. －－ 北京 ：中国友谊出版公司，2024.4（2024.9 重印）

ISBN 978－7－5057－5765－3

Ⅰ．①兔… Ⅱ．①森… ②日… ③马… Ⅲ．①兔－通俗读物 Ⅳ．①Q959.836－49

中国国家版本馆CIP数据核字(2023)第225321号

著作权合同登记号 图字：01-2024-1181

タイトル：うさことば辞典
著者：森山 標子(絵)/グラフィック社編集部 編
© 2021 Schinako Moriyama © 2021 Graphic-sha Publishing Co., Ltd.
This book was first designed and published in Japan in 2021 by Graphic-sha Publishing Co., Ltd.
This Simplified Chinese edition was published in 2024 by Beijing Creative Art Times Internationals Culture Communication Company
Simplified Chinese translation rights arranged with Graphic-sha Publishing Co., Ltd. through Copyright Agency of China ltd., Beijing
Original edition creative staff

Book Design: Jun Murota (Hosoyamada Design Office corp.)
Editing & Text: Aya Ogiu (Graphic-sha Publishing Co.,Ltd.)

书名	兔言兔语
绘者	[日] 森山标子
编著	日本Graphic社编辑部
译者	马济园
出版	中国友谊出版公司
发行	中国友谊出版公司
经销	新华书店
印刷	北京中科印刷有限公司
规格	787毫米×1092毫米　32开 4.75印张　59千字
版次	2024年4月第1版
印次	2024年9月第2次印刷
书号	ISBN 978－7－5057－5765－3
定价	49.80元
地址	北京市朝阳区西坝河南里17号楼
邮编	100028
电话	(010) 64678009

如发现图书质量问题，可联系调换。质量投诉电话： （010）59799930－601

usakotobajiten

🐰 前言

英语中有个俚语，"binky"，
大家是否听说过呢？
它描述的是，
兔子表现幸福与喜悦之情时的跳跃身姿。

当我知晓这一俚语时，
我深深感到，
全世界的爱兔人士每每爱怜地注视着兔子时，
总忍不住创编出与兔子相关的
全新语言和表达方式。
由此，我体会到了一种
兔兔拓展丰富了自身世界的愉悦之感。

本书满满当当地罗列了
各式各样的"兔兔语言"。

它们不仅来自家有宠物兔的现代兔主人，
还有野生兔在野山飞奔时，
古人遥望其优美身姿而留下的种种话语。

这份美好独特的感受，
愿与你一同分享。
若你恰好还是兔主人，
也请与你珍视的兔兔共同分享吧！

森山標子
Schimako

🐰 目录

第1章
兔主人的兔兔语言

013 / 兔兔立

014 / 兔兔飞奔

015 / 兔兔踢

016 / 摇摆摇摆

017 / 跺跺脚

019 / 8字形

020 / 刨呀刨

021 / 抹布擦地

022 / 兔兔散步

025 / 屋内散步

027 / 舔呀舔

028 / 地上舔舔·卧倒舔舔

029 / 抖抖尾巴

030 / 兔兔跳

032 / 啃鱿鱼条式吃草

033 / 做窝

038 / 贵妃躺·斯芬克斯卧

039 / 母鸡蹲

040 / 啃呀啃

041 / 磨磨牙

042 / 鼻子嗅嗅

043 / 洗脸

045 / 洗耳朵

046 / 伸——长——

047 / "扑通"躺倒

048 / 掀桌

049 / 竖耳朵

050 / 鼻子点点

052 / 哼唧撒娇

053 / 喷气式生气

054 / 呼——呼——

055 / 软软围脖

056 / Y

057 / 垂耳

058 / 美腿

059 / 兔奴

060 / 吸兔兔

063 / 归月

第 2 章
日本的兔兔语言

070 / 玉兔

072 / 羽

074 / 脱兔

075 / 海兔螺

076 / 天兔座

078 / 白兔海岸

079 / 白兔车站

084 / 兔子登坡

086 / 兔子午睡

087 / 白兔穿浪

088 / 只不过兔毛扎身

089 / 对兔祷告

090 / 兔子倒立

091 / 兔角龟毛

092 / 兔粪

093 / 乌兔匆匆

094 / 似寒兔，似白鹭

096 / 兔之耳

097 / 有兔好苦木

098 / 守株待兔

099 / 逐二兔者，一兔不得

100 / 春日待兔

102 / 逐鹿者不顾兔

103 / 兔死狐悲

104 / 狡兔三窟

105 / 变貂化兔

106 / 鸢目兔耳

107 / 遥望远山兔，卖价心已定

第 3 章
世界的兔兔语言

112 / 为了美好人生,我们需: 劳如犬,食如马,思如狐,
嬉耍如萌兔。

114 / 兔子不会在同一处被抓两次

115 / 兔子已逃,消息后至

116 / 帽中取兔

118 / Hase

119 / Mon lapin

120 / 兔足、兔心

121 / 兔子和刺猬

122 / 似兔遇蛇缩

123 / 心里揣着兔子

124 / 兔起鹘落

125 / 心诚前行,牛车逐兔亦可行

126 / 化身兔子游世界

128 / 兔子一跳罢了

130 / 兔子三腿立

131 / 工作不似兔,不会远方逃

132 / 象入邻镇则变兔

133 / 兔子必归窝

134 / 兔子总是惊喜登场

136 / 兔子对山怒，山也难入耳

137 / 兔子的微笑

138 / 兔子放屁惊自己

139 / 放兔子

140 / 兔子啃食乌木果，需向鹦鹉表谢意

141 / 兔子能跑难上鞍

143 / 春宵似兔尾

145 / 参考文献

专栏

034 / 兔子的食物

036 / 兔子可食用的野草

064 / 兔子的品种图鉴

080 / 名字中含"兔"的植物

108 / 兔子的分类学

第 1 章
兔主人的兔兔语言

人类饲养兔子的起源，

据说要追溯至公元前 750 年左右，罗马王政时代。

起初，人类以获取毛皮和食用为目的饲养兔子，

后期则转而将兔子视为玩赏动物，并进行了多次品种改良。

近年来，宠物兔已经逐渐融入了人们的日常生活。

兔子与猫狗不同，是实打实的草食性动物。

吃下满满一肚子牧草后，

需要长时间运动。

兔子还有许多独特的行为举止，

以及与其生态紧密相关的习性动作。

为此，爱兔人士们独创了众多特别的语言表达，

以便大众更简明地了解兔子，与兔子更为亲近。

非常感谢各位爱兔前辈的努力，

我将怀着敬意，在本书中将这些与兔子相关的语言表达称为

"兔兔语言"。

本章中，我将为大家介绍养兔之人，

通称"兔主人"的各位，

在与兔兔的日常相处中创作出的**兔兔语言**。

兔兔立

这一词语描绘的是

兔兔用后腿支撑着直立上身的站姿。

是兔兔还在野外生活时，

为了确认周围是否存在危险，

形成的一种习性。

通过"兔兔立"抬高视线水平，

认真环顾四周，

直直竖起两只耳朵，

远方的声音也能尽数收入兔兔耳中。

有时兔兔为了吸引主人的注意力，

似乎也会做这个动作。

兔兔飞奔

刚刚还无比安静的兔兔突然猛冲了出去，
"兔兔飞奔"就用以形容这一动作。
似乎是因为兔兔身处可以肆意奔跑的环境时，
心情太过高兴，情不自禁而如此。
对于曾生活在草原之上、
自由行动的兔兔而言，
没有什么游乐能比得过奔跑啦！

兔兔踢

在给兔兔梳理身体毛发时，

"兔兔踢"总会突然而至。

"这是必要的护理哦，你就稍微忍忍嘛！"

但兔兔可不管，这份"讨厌就是讨厌"、

丝毫不掩饰好恶的直爽性格，也是兔兔的魅力之一。

摇摆摇摆

骑跨在毛绒玩偶或其他玩具上,腰部前后摇摆。

这是雄兔性成熟的表现,

也是繁殖行为之一。

有时雌兔也会出现这样的行为,可能只是兴奋使然,

也可能是想彰显自己的权威。

跺跺脚

后脚大力踏地板，"咚！"

据说，以前野外的兔兔察觉到危险时，

就会在洞穴里使劲跺脚，以此提醒同伴。

的确，这么大的跺脚声，肯定能传到伙伴们的耳朵里。

不过，如今宠物兔跺脚，有时只是希望吸引主人的注

意力呢。

8 字形

兔兔经常会在主人脚边绕着转圈，

仔细一看，还是个 8 字形。

为什么会是 8 字形如今仍然未知，

但可以确定的是，

这么跑时，兔兔的心情十分愉悦。

兔兔也可能以此向主人表示"非常喜欢你""一起多玩玩吧"！

刨呀刨

野生兔兔会刨土来做自己的小窝。

即使土硬邦邦的，它们也会敏捷地活动着两只前爪刨呀刨。

宠物兔兔如今依旧保留着这一刨土本能。

不管是地板还是靠垫，

在兔兔眼里似乎都忍不住要刨一刨。

抹布擦地

刨呀刨会刨出不少土，这时兔兔就要清洁平整土地啦。

为此，兔兔会将身体重心置于前爪，轻快流畅地平整泥土。

多数兔兔会在布上完成这一动作，

所以令人不禁联想到抹布擦地。

兔兔散步

和兔兔一起散步，自然就叫"兔兔散步"①。

这是长年饲养兔兔的主人们创编出的、

令人深感可爱的一个词。

当然，外界充满无数危险，

为了保护珍爱的兔兔，

可一定要谨慎再谨慎。

有不少兔兔其实并不适合出门散步，

请注意仔细观察判断哦。

适不适合"兔兔散步"，

也是因兔而异的。

---

① 原词为"うさんぽ"，是将兔子的日语"うさぎ"与散步的日语"さんぽ"合并在一起而造的词。在日语中有巧妙、可爱之感。（本书注释均为译者注）

屋内散步

在家中进行的"兔兔散步"，通称"屋内散步"。

对于需要多多活动玩耍的兔兔而言，这是必不可少的。

一定时间的"屋内散步"，对维持兔兔的健康非常重要。

当兔兔可以跳出笼子，在更广阔的空间游乐时，

它们的心情也会雀跃无比。

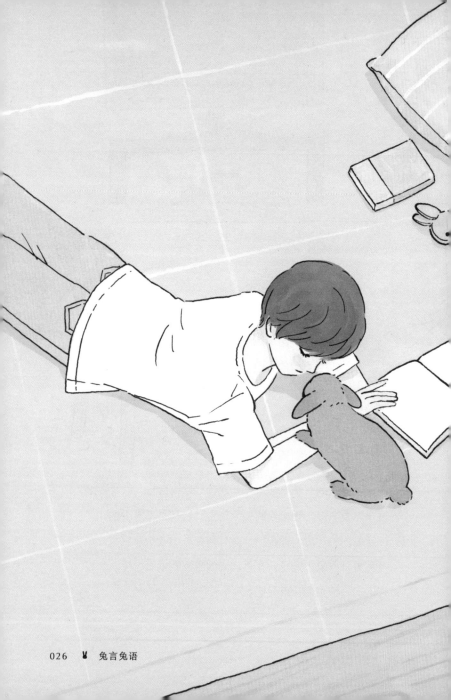

舔呀舔

与兔兔日常相处的过程中，
有时会突然被它用小舌头舔舔。
其实，这是兔兔在愉悦地表达
自己对主人的喜爱。
当主人抚摸兔兔后，
有时它会作为回礼，舔舔主人的手。
另外一些时候则是向主人撒娇：
"再多摸摸我呀！"
不过无论是哪一种，
都是兔兔表达喜爱的珍贵信号。

地上舔舔·卧倒舔舔

当兔兔被抚摸得浑身舒畅,

就会越来越兴奋。

这时,它会忍不住舔舔嘴边的地板,

或者卧倒舔舔自己的小爪,

表现出一副"好舒服呀"的沉醉姿态,

这是只有兔主人才能看到的哦!

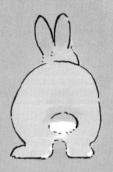

抖抖尾巴

有些兔兔兴奋时会摇尾巴。

兔兔并非用尾巴表达情感的动物，

那么抖尾巴是否是说

它的兴奋之情都不由得传递到尾巴上了呢？

其实，有不少时候兔兔都会抖尾巴：

集中注意力时，高兴时，开跑前，上厕所前，等等。

尾巴的动作和兔兔的心情是否有直接关联？

答案有待慢慢寻觅。

兔兔跳

兔兔心情愉悦时，会飞呀、弹呀、跳呀！
兔兔"呼"的一下原地垂直跃起的样子，
在一部分兔主人看来，
简直就是弹力球的化身。
有些时候，兔兔还会像花样滑冰运动员一样，
扭动身体，来个华丽的空中转体跳。

兔兔兴奋到极点时，

它还会结合"兔兔飞奔"（参见第 14 页）的动作，

在屋子里四处跑跑跳跳，

甚至有时还会在空中来个空气后踢腿，

它能施展的绝招可谓数不胜数。

看到兔兔这么开心，我们也不由得喜笑颜开。

啃鱿鱼条式吃草

要维持兔兔的健康，可不能少了牧草。

过去，生活在野外的兔兔需要时刻注意周围是否有危险，

所以连吃牧草的时候也总是一边警惕着四周，

一边啃呀、咬呀、咀嚼呀。

那嘴边露出一截牧草的样子，

实在太像我们在啃鱿鱼条啦。

做窝

欸？原本大口大口吃着牧草，

怎么突然叼在嘴里就跑不见了，这是……

其实，兔宝宝即将出生时，

为了做新的小窝，兔兔便会用牧草充当垫料。

另外，"假孕"状态下的兔兔，有时也会做窝呢。

专栏

兔子的食物

宠物兔都吃些什么呢?

牧草

牧草是最适合宠物兔吃的主食,一年四季都可以买到。兔子原本在野外生活,以野草为食,所以牧草对于兔子而言必不可少,是维持它们健康的关键。禾本科的提摩西草是它们吃的最主要的一种牧草。另外还有同属禾本科的燕麦草,以及豆科的苜蓿草等。

蔬菜

蔬菜可以作为副食喂给兔子。蔬菜不仅富含维生素和矿物质，营养价值高，而且色彩、形状和口感多种多样，使兔子的饮食更为多元全面。能吃到新鲜的时令蔬菜，兔兔们也会无比开心。

水果

甘甜味美的水果，有时可是兔子的心头好。水果除了富含膳食纤维，也含有许多牧草和蔬菜中没有的维生素。但水果过量会引发肥胖和蛀牙，喂食时必须注意控制好量。

兔子可食用的野草

兔子原本生活在山野间，
所以新鲜的野草最适合做它们的食物啦！

蒲公英
菊科

日本原产的本土蒲
公英只在春天开
花。自国外引进的
药用蒲公英则一年
四季都会开花。

荠菜
十字花科

在日本又称三味线草 [①]。
春季至夏季，荠菜会盛放白
色花朵，并结出心形果实。

---

① 荠菜的果实形状与三味线
的拨子类似，故有此别称。

车前草
车前科

车前草的花茎竖立在
叶片包围的中心，顶
端有着穗状花序。叶
子和种子皆可食用。

白车轴草
豆科

又称白三叶。一般为
三瓣叶。要是发现了
四瓣叶，说不定要走
好运了呢。

繁缕
石竹科

繁缕是"春之七草"[1]之一。在春天绽放小小的白色花朵。

———

[1] 古时，日本学习中国民俗，在正月七日食用"七草粥"。"春之七草"即制作"七草粥"的七种植物。

艾草
菊科

艾草的叶子背面长着白色茸毛，特征明显。在春季，艾草的嫩芽十分柔软，兔子和人都非常爱吃。

葛
豆科

葛是"秋之七草"[2]之一，是大叶片的藤蔓植物。在秋天盛开紫色花朵。

———

[2] 不同于可食用的"春之七草"，指最适合秋天观赏的七种草花，最早出自日本《万叶集》中山上忆良的两首和歌。

桑
桑科

桑叶带有一种独特的苦味，但不少兔子正因这苦味而喜食桑叶。

紫云英
豆科

又称黄芪。
在春天绽放粉色花朵，花里含少量蜜，以"紫云英蜜"闻名。

贵妃躺·斯芬克斯卧

斯芬克斯卧，指兔兔只伸出前爪卧坐在地上的姿态。
贵妃躺，则指兔兔上半身维持斯芬克斯卧，
下半身悠悠然地侧伸在一旁的样子。
当兔兔摆出这两种姿势时，脸上总是一副端庄的神情，
不由让人感受到一种贵族气质。

母鸡蹲

兔兔将前爪收卧在身下，
全身缩成一团，就成了母鸡蹲。
这个姿势下兔兔无法迅速反应，
说明它处于一种很放松的状态。

过一会儿，兔兔的耳朵还会软软地倒在背上，
眼睛也缓缓合上，呼……呼……
以母鸡蹲的姿势睡觉，
代表兔兔感到十分安心和幸福。

啃呀啃

正如人类会以触摸的形式分辨各类物品，

兔兔的分辨方式则是"啃咬"。

"屋内散步"时遇到令它好奇的东西，兔兔就会忍不住啃呀啃。

物品上留下的兔兔牙印，

兔主人们将其称为"兔兔印记"。

磨磨牙

抚摸心情大好的兔兔时，

不经意间会听到非常细微的奇怪声响。

其实，当兔兔感到愉悦时，

就会开始磨牙，发出"嘎嗒嘎嗒"的声音。

磨牙的微微振动也会传递到抚摸兔兔的手上，真舒服呀。

鼻子嗅嗅

对兔兔来说,嗅闻味道可是每日的重中之重。

它会小幅度抽动鼻子,到处确认味道。

发现令它好奇的物品时,兔兔会把脸凑得很近,鼻子使劲嗅呀嗅。

要是看到它鼻子动得飞快,

那应该是遇到了个相当新奇的东西吧!

洗脸

平日里，兔兔会舔遍全身，
仔仔细细梳理自己的毛发。
其中，用前爪细致地梳洗面部的行为，
被称为"洗脸"。
下面的插画中藏有不少"洗脸"的兔兔呢。

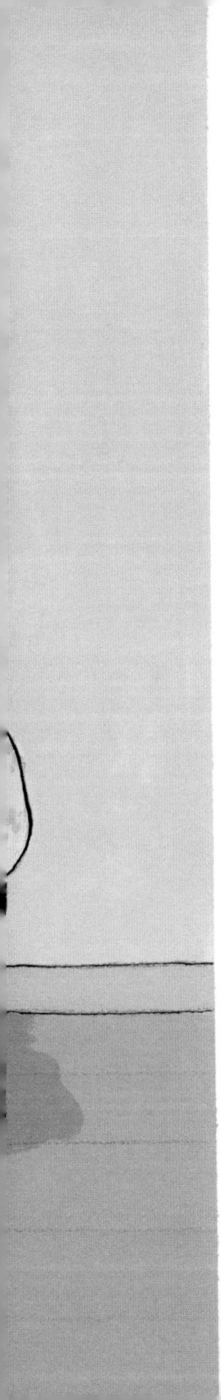

洗耳朵

兔兔用两只前爪前后夹住耳朵，
一心一意地清洁梳理，
那动作简直和
用梳子整理长发的女性别无二致。
正如头发对女性而言无比重要，
耳朵也是兔兔听辨各种声音的
重要身体部位。
怪不得平日里，
兔兔总是一天不落地认真洗耳朵呢。

伸——长——

"兔兔的腿怎么有这么长？！"

兔兔伸展全身的睡姿有时会令你震惊，

别见怪，这说明它非常放松。

有时它还会把肚子紧紧贴着地面。

这种睡姿意味着

兔兔待在温柔的主人身边感到无比安心。

"扑通" 躺倒

刚刚还在各处飞奔的兔兔，

只听"扑通"一声，就瞬间横倒在了地上。

太过突然，可把主人吓得不轻，

但对兔兔来说，它只是很自然地躺倒了而已。

有时它甚至还会放松地给主人翻个白眼呢！

掀桌

兔兔掀翻食盆的动作，

和以前日本大叔们的绝招"掀桌"①一模一样，

所以有了这一同名。

至于兔兔为何会掀翻食盆，

可能是对食物有所不满，也可能只是在玩耍，

原因多种多样。

---

① 日本大正、昭和时代的电视剧、动画或综艺中，当顽固的中年大叔对事物有所不满、气愤无比时，就会掀翻吃饭用的矮脚桌，以此表达自己的情绪。该动作后期逐渐渗透到大众当中。

竖耳朵

当听到在意的声音，
或者警戒四周的环境时，
兔兔会"啪"的一下直直竖起耳朵。
当然，垂耳兔的耳朵无法竖起，
但它会转向声音的源头。

鼻子点点

兔兔有什么事情想告诉主人时，

它小小的鼻子会轻轻靠近，

在主人身上点呀点。

像是在扒拉着主人念叨"听我说听我说"。

当兔兔希望吸引主人的注意力时，

经常会做出这一动作。

另外一些情况下，

则是希望主人给自己让让位置，

在表达自己的不满呢。

这种时候的"鼻子点点"，

力道似乎也会大一些。

哼唧撒娇

兔兔基本上不会叫，

但心情好的时候，会不由自主地

用鼻子发出"哼哼"声。

有时听起来也像是"呜呜"或"唧唧"。

这是寡言少语的兔兔在轻轻地呼唤主人：

"一起玩吧！""再多看看我！"

喷气式生气

生气时，兔兔会用鼻子发出声音，

"噗——噗——噗噗"，喷出好多空气。

这表明兔兔已经气鼓鼓的了。

忍一忍别摸它，

静静地等待它消气吧。

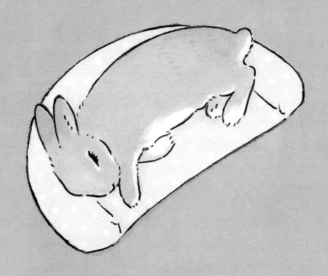

呼———呼———

在野外生活的时候，兔兔为了防范不知何时袭来的危险，

有时会睁着双眼入睡，以便随时逃跑。

而有主人的大部分兔兔，

一般都会放松地呼呼大睡。

有时还能听到兔兔们轻微的打呼声。

软软围脖

成年雌兔的脖子周围，有一圈鼓鼓的围脖。

它被称为"肉髯"。

其实，这是兔兔在为生育或过冬进行能量储备，

也有人说，兔兔在做窝时会把围脖的毛拔下来当垫料。

软软的围脖正是成年雌兔的魅力所在。

Y

兔兔的脸上藏着一个英文字母，

你发现了吗？

来，注意看兔兔小巧的鼻子和嘴巴。

再凑近些，

你瞧，看见 Y 了吧！

垂耳

长长的耳朵软软地垂着，这就是垂耳兔的特征。

经过品种改良诞生的可爱垂耳兔，

看上去似乎更稳重些，

其实习性和立耳兔差别不大。

垂耳也丝毫不影响听力哦！

美腿

兔兔活泼好动。

正因如此，

它有着肌肉柔韧、纤细修长的美腿。

而且因为兔兔经常圆滚滚地睡成一团，

偶尔展露美腿时，更加令人惊讶呢！

兔奴

喜欢和毛茸茸的兔兔长时间亲密相处的人——

就是"兔奴"！

这个词充分表达了兔主人的爱怜之情，

还有和珍爱的兔兔共同生活的幸福心境。

你也是兔奴吗？

吸兔兔

把脸埋在软乎乎的兔兔身上深呼吸，

这就是"吸兔兔"。

仿佛要将兔兔吸进自己身体里一样，

大口吸气——

只有互相信赖的兔兔和兔主人，

才能完成这一"神秘仪式"！

被吸的兔兔也总是一副

"欢迎欢迎"的乖巧姿态。

太高雅啦！

兔言兔语

归月

传说中，
兔子居住在月亮上。
所以当兔兔生命终结时，
就有人形容是"归月"。

兔兔的寿命比人类要短，
悲伤无奈之余，
我们也必须负起责任，为它送行。

不过别担心，
当你仰望空中皎洁的月亮时，
兔兔也在那里看着你呢。

专栏

A 荷兰侏儒兔
(Netherland Dwarf)

B 荷兰垂耳兔
(Holland Lop)

C 迷你雷克斯兔
(Mini Rex)

兔子的品种图鉴

全球大约有 50 种宠物兔，这里重点介绍其中的代表品种。

A：拥有短短的立耳和圆圆的大脸。体型娇小，短毛，是被饲养数量最多的宠物兔，十分受欢迎。

B：垂耳兔中最受喜爱的小型兔。特点是眼睛两旁的垂耳和头顶一撮软软的"冠毛"。

C：有着丝绒一般柔亮顺滑的体毛。自雷克斯兔这一大型兔改良而来。

D 侏儒海棠兔
（Dwarf Hotot）

E 狮子兔
（Lion Head）

F 费斯垂耳兔
（American Fuzzy Lop）

G 泽西长毛兔
（Jersey Wooly）

D：身体纯白，仅眼周一圈仿佛画了黑色或巧克力色的眼线，十分时髦。

E：脸周围覆盖着一圈蓬松的长毛，像是雄狮的鬃毛。2014 年诞生的新品种。

F：长毛垂耳兔。正如费斯（fuzzy）有绒毛之意，全身像毛绒玩偶一般软乎乎。

G：全身的长毛像棉花糖一样软绵绵。拥有与荷兰侏儒兔相近的可爱脸庞。

H 英国安哥拉兔
(English Angora)

I 道奇兔
(Dutch)

J 喜马拉雅兔
(Himalayan)

K 小丑兔
(Harlequin)

H：脸周直至耳尖都覆有蓬松浓密的绒毛，甚至眼睛也被遮盖了，惹人爱怜。

I：深浅两色的清晰分界看上去时髦干练。浑圆的背部和偏长的立耳更显俊朗。

J：躯干雪白，耳朵、鼻尖、爪子和尾巴为深色，红瞳。相较其他品种，更为修长的躯干是它的魅力所在。

K：正如其名，它有着阴阳脸，左右各两种颜色，身上还有竖纹线条，毛色非常特别。

L 巨型花明兔
(Flemish Giant)

M 英国垂耳兔
(English Lop)

N 日本大耳白兔
(Japanese White)

O 混种

L：体重可达 10 公斤的巨型兔。立耳达 15 厘米，身体敦实，性格温顺。

M：世界上耳朵最长的垂耳兔。耳朵长度可达 50~70 厘米，甚至更长。别名"不思议之王"（King of Fancy），是最古老的垂耳兔品种。

N：毛发纯白，红瞳，也被称为"日本白兔"，是日本本土品种。在日本秋田地区有体重超过 10 公斤的改良品种。

O：指各类品种杂交的兔子，拥有的特征各式各样。在日本也被称为"迷你兔" ①。

---

① 取名如此，与兔子的实际大小无关。

第 2 章
日本的兔兔语言

距今遥远的古代日本，就已经有野兔繁衍生息。

日本人自古以来与自然和谐相处，

可想而知，相较现代，

古时的日本人一定与兔子更为熟悉亲密。

在这样的背景下，本章将介绍日本的各种**兔兔语言**。

谚语、惯用语、植物名、地名……

有好多好多含"兔"的表达呢。

其中也有不少一眼可见是从中国传入的说法。

总之，请尽情体会大和民族的**兔兔语言**吧！

玉兔

中国的神话传说中记载，

月亮上有兔子居住。

"玉兔"即为月亮的别名。

又说在太阳中央，

有一只名为"金乌"的三足乌鸦，

于是就以"金乌玉兔"形容交相辉映的日月。

其实在中国以外，

日本、印度、墨西哥、美国等世界各地，

都有"月中玉兔"的传说。

羽

1 羽、2 羽、3 羽……

"羽"是日本数兔子时用的量词，

与数鸟类时用的量词相同。

这一用法的起源则是众说纷纭，

有人说，是当时把兔子的长耳朵误认作了鸟，

也有人说，是那时不能吃兽肉的僧侣，

为了躲避规定食用兔肉，

硬是将双腿直立时的兔子说成了鸟。

但关于这一点，目前还未有定论。

在英语中，有不少表示"群"的量词。

比如一群鱼是"a school of fish"（一学校的鱼）。

而表示一群兔子时，则一般使用以下两个量词：

"a colony of rabbits"或"a nest of rabbits"。

"colony"指集体或村落，"nest"表示窝。

眼前是不是立马浮现出小窝里挤成一团的兔兔们了呢？

脱兔

脱兔指奔逃之兔，

多用于形容速度迅疾之时。

该词初出于中国古书《孙子兵法》，

意指"后如脱兔，故不及拒"。

说起来，自然界中跑得快的动物数不胜数，

唯独在此选了"兔"入句，

倒也是件很光荣的事？

海兔螺

海兔螺栖身于珊瑚礁间，是泛有白皙光泽的贝类。

在日本分布于纪伊半岛以南的太平洋和印度洋海域。

海兔螺圆滚滚的外形，

和团成一团的白色兔兔十分相像，

据说就是因为这一点，才拥有了这个特别的名字。

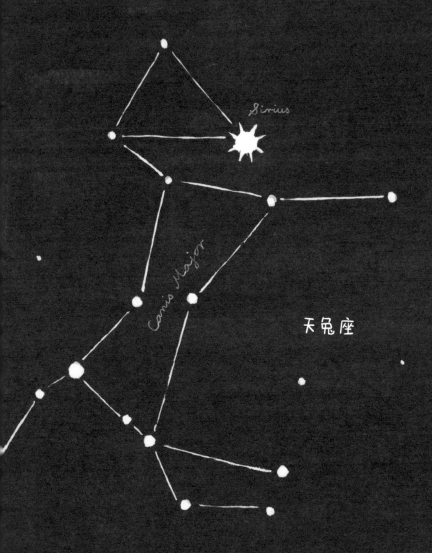

Sirius

Canis Major

天兔座

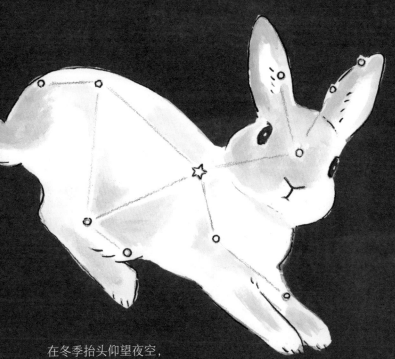

在冬季抬头仰望夜空，

就可以发现闪烁在猎户座以南的"天兔座"。

星座中最明亮的一颗星恰巧位于正中，

是一颗名为"天兔座 α"（Arneb）的三等恒星。

"Arneb"在阿拉伯语中即为"野兔"之意。

白兔海岸

日本鸟取县的白兔海岸，
据说是《古事记》传说——
《因幡之白兔》的发生地。
故事讲述主人公大国主神及其兄弟，
前往因幡之国，
向国之公主八上比卖求婚。

---

① 日本现存最古老的史书。

白兔的存在证明了
大国主神的诚实善良，
是推动剧情的关键角色呢！

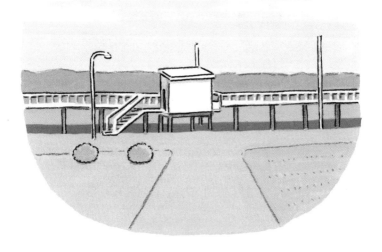

白兔车站

日本山形县长井市有一座"白兔车站"。

传说在这一地区，曾有位高僧经白兔指引，

登上高山并建造了一座神社。

直至今日，居住于此的居民

依旧尊敬地将白兔视为神之使者。

名字中含"兔"的植物

毛茸茸的尾巴、长长的耳朵、透亮的眼眸……

兔子众多的身体特征，也是许多植物起名的灵感来源。

兔羊齿（中文名：欧洲羽节蕨）

夏绿蕨类植物。落叶后叶柄的模样和兔子的嘴十分相似。

兔菊（中文名：山金车）

菊科高山植物。叶子形状酷似兔耳朵。另有日文名为虾夷兔菊和大兔菊的两个近缘种。

兔尾（中文名：兔尾草）

禾本科兔尾草属。属名的原文Lagurus 在希腊语中即"野兔尾巴"之意。它毛毛的花穗和兔子小小的尾巴一模一样。英文名为Bunny Tail Grass。

兔苔（中文名：小白兔狸藻）

狸藻科多年生植物。花朵直径约3厘米。酷似兔子脸庞的花形下，居然是食虫植物！生长于非洲岩山。

兔隐（中文名：温州双六道木）

忍冬科植物，日文又名"冲羽根空木"。落叶灌木。长势茂盛时，总不免让人觉得有野兔藏身其中，故有此名。

兔眼蓝莓（中文同名）

杜鹃花科的蓝莓品种之一。成熟前的果实颜色好似兔子红红的眼睛，故得此名。英文名为 Rabbiteye Blueberry。

兔足（中文名：豹斑竹芋）

叶片斑点酷似兔子的足迹，所以英文名为 Rabbit's Foot，即兔足。日文名为"纹样蕉"。总之是叶片纹路非常特别的植物。

兔耳（中文名：兔耳掌）

仙人掌科的品种之一，生长于墨西哥高原地区。别名"黄毛掌""金乌帽子"。其茎节成对生长，好似兔耳朵。英文名为 Bunny Ears。

月兔耳 黑兔耳 福兔耳（中文同名）

三者皆为伽蓝菜属多肉植物。月兔耳的叶缘有褐色斑点，叶片覆盖兔毛般细密的白色茸毛。黑兔耳和月兔耳相似，叶缘为黑色斑点。福兔耳的叶片扁平，白色茸毛更为浓密，近似毛毡的质感。

碧光环（中文同名）

番杏科多肉植物。幼苗状态和兔耳朵一模一样，在市场上有"玉兔耳"的别名。但长大后会渐渐变样。

兔子登坡

兔子的后腿肌肉十分发达，

可以矫健快速地登上任何坡道。

这出色的爬坡本领便催生了这一谚语——

"兔子登坡"。

比喻在良好条件下，事情进展顺利；

或者得以在最擅长的领域发挥全部实力。

兔子午睡

在《伊索寓言·龟兔赛跑》的故事中,

兔子因为轻敌午睡而输给了乌龟,

"兔子午睡"的谚语由此诞生,

以警示人们,疏忽大意将招致意外的失败。

《伊索寓言》于日本室町时代(1336—1573)传入日本,

随后以《伊曾保物语》的译名在日本被人熟知。

《 兔言兔语 》

白兔穿浪

形容微波荡漾的水面上映照的月影。

闪映着白色月辉的浪涛，

恰如兔子正在飞奔一般，

"白兔穿浪"便是对此视觉景象的描摹。

除此之外，还有另一种解释：

相较于象和马，由于兔子更少入水，

便以此指代佛教中悟性尚浅之人。

只不过兔毛扎身

兔子的毛发纤细柔软，
被这样柔嫩的毛轻轻扎个一两下，
不仅毫发无损，
可能很多人也根本不会注意到吧，
由此引申为"极少""细微"之意。

三つ葉
たんぽぽ
蒲公英
みつば いちご
草莓
おおばこ
车前草
しそ
紫苏
にんじん
胡萝卜
りんご
苹果
チモシー
提摩西

对兔祷告

节日庙会上，经常要向祭奠的神明念祝祷之语。

"对兔祷告"即指这样的神圣珍重之祝祷念给
一窍不通的兔子也是无济于事。

表达相同之意的日本谚语还有：

"马耳念佛""犬听论语"。

兔子倒立

如果兔子倒立，会出现什么情况呢？

暂且先不管它那短小的前腿能不能做到，

它的耳朵肯定会与地面摩擦，疼痛难忍吧。

"兔子倒立"即"耳朵疼痛""刺耳"之意的风趣表达。

换句话说，当我们受到批评时，就像兔子倒立一般刺耳呢。

兔角龟毛

假如兔子头上生出雄鹿一般优雅的鹿角，

假如乌龟壳上长出蓬松的绒毛……

这在现实中自然都是不可能发生的。

正如兔不生角一般，人们也用"兔角论"一词，

比喻对无凭无据之事所做的无益讨论。

兔 粪

兔子的粪便是一个个圆滚滚的小粪球。

人们便借这种不连续的粪便状态，

形容某人做事没有恒心，容易半途而废。

上面的插画中，兔兔的身体和小粪球们

组合成了一组摩斯密码。

究竟写了些什么内容呢？请猜一猜吧！

（请参照日语摩斯密码表，答案参见第 144 页）

乌兔匆匆

"乌兔"指太阳中的金乌和月亮上的玉兔。

"匆匆"意为慌张、匆忙。

合起来指日月（岁月）飞快轮转交替，

时光匆匆飞逝，

与"光阴似箭"同义。

似寒兔，
　似白鹭

比喻纯白之物。

日本的野山上栖息着野生的日本兔，

平日里，它们的毛发为棕褐色，

而一进入冬季，

就会换上一身雪白的绒毛。

白雪皑皑的冬季，

这一身白色

可以让它们不被天敌发现，

是最好的保护色。

兔 之 耳

据说以前，当人们看到兔子长长的耳朵，

不由引发联想，觉得这么长的耳朵，

肯定能听到那些人听不到的声音。

于是不知不觉间，

兔子的耳朵就有了能探听秘密的"地狱耳"之意，

同时也用来比喻善于打探他人秘密之人。

有兔好苦木

有些兔子喜欢吃苦涩的植物。

味苦的植物除了大家熟知的桑叶，

还有一种名为"苦木"的落叶树。

这句谚语的深层含义是，

人各有所好，所好之物千奇百怪。

同义的日本谚语还有

"虫也吃苦蓼"。

守株待兔

比喻死守经验、不知变通。

这句谚语由一则寓言故事演化而来。

故事中的农夫因为凑巧碰上一只兔子撞上树桩，折颈而死，
于是放弃耕作，一味等在树桩旁，想要白等到下一只兔子。

后来有人以此为原型，创作出了童谣《苦等》[1]。

———————————

[1] 1924 年于日本发表的童谣，北原白秋作词，山田耕筰作曲。

逐二兔者，一兔不得

这句话的字面意思为：

同时追逐两只兔子，最终将一无所获。

其中包含了明显的警示意味，提醒人们，

如果有意同时完成两件不同的事，

必定会双双失败，两头落空。

另有表意相同的日本谚语"虻蜂皆不得"。

春日待兔

相较冬天，春日白昼拉长，暖意倾心。

"春日待兔"这句谚语，就用以形容一个人在漫长的春日，

耐心等待不知何时才会出现的兔子，

引申表达其悠闲的气性。

逐鹿者不顾兔

比喻追求万利之人丝毫不在意任何小利。

意思相近的日本谚语还有"逐鹿者不见山"。

对于山中猎手而言，鹿是非常特殊的猎物，

所以他们才无暇顾及山林了吧？

兔死狐悲

狐狸眼睁睁看着兔子同类气绝，

深感自己也将迎来同样的命运而痛心伤怀，

这是一个意味深长的成语，

形容对情谊深厚的同伴逝去的悲伤之情。

狐狸和兔子都生活在野山中，

正因为居住环境相同，

所以才能共情吧。

狡兔三窟

"狡兔"指机敏狡黠的兔子。

这个成语的意思是，

兔子有三处不同的藏身之窝，

一旦危险临近，

它有多种选择可以助其逃离躲避。

这是人看到兔子的习性，

由此吸取的经验教训：

要学会未雨绸缪，防患于未然。

变貂化兔

比喻为了解决问题，

想方设法、换着花样进行各种尝试。

另有"变鼬化貂"的说法。

不过对我们来说，貂和兔子都那么可爱，

化作哪一方都挺开心呀！

鸢目兔耳

翱翔于天空的老鹰，视觉极其敏锐，
地面的一切尽收眼底。
耳朵修长的兔子，听觉非常灵敏，
不会漏掉任何声音。
"鸢目兔耳"即形容上述两者兼备之人，
比喻其拥有强大的信息收集能力。
也说"飞耳长目"。

遥望远山兔，卖价心已定

山那边的兔子还没抓到手里，

就已经开始考虑入手之后的事了，

和"狸未捕，算皮价"一样，都是"打如意算盘"的意思。

动物尚未抓到就开始思考之后怎么处置，

表达此意的日本谚语还有不少，

比如"看飞鸟，思菜谱""穴中狗獾已定价"等等。

兔子的分类学

说起兔子的种类，那可是有大学问。

接下来就基于生物分类学视角，

为大家介绍野兔和宠物兔的区别。（下图仅为部分分类情况，

非全表。）

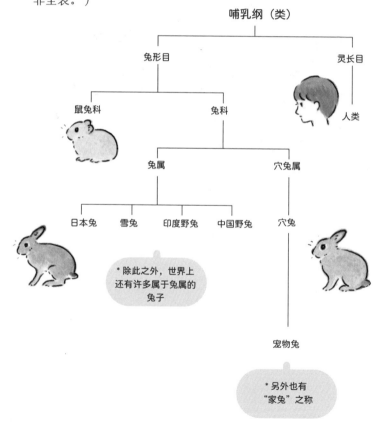

哺乳纲（类）

兔形目　　　　　　　　　　　灵长目

鼠兔科　　　兔科　　　　　　　　人类

兔属　　　　　穴兔属

日本兔　雪兔　印度野兔　中国野兔　穴兔

*除此之外，世界上还有许多属于兔属的兔子

宠物兔

*另外也有"家兔"之称

兔属和穴兔属的区别

Japanese hare
日本兔

European rabbit
穴兔

学名：*Lepus brachyurus*
体长：45~54 厘米
分布：日本

学名：*Oryctolagus cuniculus*
体长：35~50 厘米
分布：欧洲地区等

耳尖有黑毛，后足较大。夏季全身
覆盖棕褐色毛发。进入冬季后换毛，
除耳尖外，全身雪白。繁殖期也不
做窝，平时居于低洼地中。

耳朵较短，身体圆润，是所有宠物
兔的祖先。繁殖期在土地上刨洞做
窝。原生于欧洲西南部和非洲西北
部，经人工运输至世界各地。

本书中登场的兔兔们

第一章以宠物兔为主，第二章以日本的野兔为主，介绍了与
之相关的各种兔兔语言。在接下来的第三章中，重点将移至
世界的兔兔！兔子的分类中，兔属之下的种类最多，非洲大陆、
美洲大陆、亚欧大陆都有它们的身影，它们也在各个地域实
现了各异的进化。本书插图中的兔子虽然大多是人们熟悉的
宠物兔模样，但多彩的兔兔语言背后，也离不开扎根于土地
的野生兔。品读兔兔语言的过程中，在脑海里想象与这些语
句相关的兔兔原型，也别有一番乐趣呢！

第 3 章
世界的兔兔语言

兔子的足迹遍布世界。

美洲和亚洲自不必说，

回顾前人留下的各种**兔兔语言**，不难发现，

兔子也穿行于欧洲和非洲大陆，

与那里人们的生活紧密相连。

借由各国各地区的**兔兔语言**，

兔子灵动多样的形象得以传承至今，

那就让我们也来一探究竟吧！

为了美好人生，我们需：
劳如犬，食如马，思如狐，
嬉耍如萌兔。

For a good life: Work like a dog.
Eat like a horse. Think like a fox.
And play like a rabbit.

——George Allen

这段话是著名美式足球教练——
乔治·艾伦留下的名言。
他还有许多金玉良言。
这句话提醒人们，
像兔子一样悠闲地享受人生也非常重要。

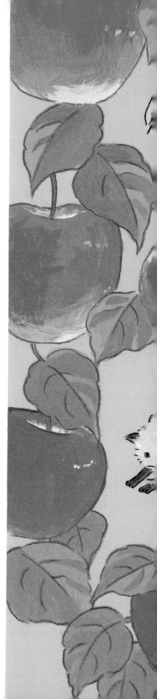

兔言兔语

兔子不会在同一处被抓两次

A rabbit is never caught twice in the same place.

这是美国的一则经典谚语，

意思是，同样的错误不会再犯第二遍。

类似的谚语还有: Lightning never strikes twice in the same place.

（闪电不会两次击中同一处）

兔子已逃，消息后至

El conejo ido, el consejo venido.

这是一则西班牙谚语，
说的是兔子都已经跑远了，
通知兔子到来的消息才姗姗来迟。
与"马后炮"同义。

115

帽中取兔

Pull a rabbit out of the hat.

这句英语的字面意思是，

"从空无一物的帽子中拎出了一只兔子"。

是不是令人想起了魔术师的经典魔术——

从黑色大礼帽中抓出一只兔子!

实际上,这句话还有另一层引申义:

"灵光一闪"或"茅塞顿开"。

愿各位的烦心之事,

也能同帽中取兔一般顺利解决呀!

Hase

在德语里，呼唤恋人时，
会用表示兔子之意的单词 Hase。
就像是唤着"我可爱的小兔子"一般，
是个略带甜腻感的昵称。
德语里还有不少类似的昵称：
Mausi（小老鼠）、
Bär（小熊）、
Spatzi（小麻雀）等等，
这些称呼都很受欢迎。

Mon lapin

在德国的邻国法国，呼唤恋人时也会说:

Mon lapin.（我可爱的小兔子）

不过 Mon lapin 多用于成人情侣或夫妇之间,

当想称呼得更加甜美，呼唤更可爱的事物或小婴儿时,

则会在中间加个表示"小"的 petit,

唤着 Mon petit lapin 哟。

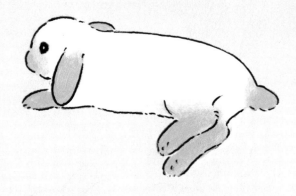

兔足、兔心

Hasenfuß / Hasenherz

这两个德语单词的意思都是指：
落荒而逃的胆小鬼。
似乎是因为兔子逃跑的速度很快，
又有一颗小心且谨慎的心。

兔子和刺猬

Der Hase und der Igel.

这是一则德国人熟知的《格林童话》故事，
与我们所知的《伊索寓言》中《龟兔赛跑》的故事相
近（参见第 86 页）。
在这个故事里，
刺猬夫妇二人齐心协力战胜了兔子。

似兔遇蛇缩

wie das Kaninchen auf die Schlange starren.

这是一则德国谚语，

与日本谚语"似蛙被蛇瞥"同义，

形容遇到天敌，被直接吓得动弹不得。

上图插画中蛇绕拐杖的图案，是现在世界通用的医学标志，

源自希腊神话中"医神"阿斯克勒庇俄斯之杖。

心里揣着兔子

这是一则中国谚语,

用来形容坐立不安、心神不宁的人。

内心不定、心脏怦怦直跳,

多像心中有个小兔子在蹦蹦跶跶呀!

不过说起来,爱兔之人其实内心应该都挺强大的,不是吗?

兔起鹘落

这是个中国成语。

兔子正迅疾飞奔，隼鸟极速俯冲将其捕入爪中，
比喻动作之迅猛。

后引申为绘画或文章写作时，下笔敏捷有神。

在日本，人们也将这个词作为成语使用。

心诚前行，
牛车逐兔亦可行

Үнэнээр явбал, Үхэр тэргээр туулай гүйцнэ.

这是一则蒙古谚语，意思是，

人只要脚踏实地、诚实坚定地努力下去，

终有一天可以梦想成真。

可以说是蒙古版的《龟兔赛跑》呢。

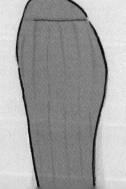

化身兔子游世界

Matkustaa jäniksenä.

这是一则芬兰谚语，
意思是"逃票出游"。
兔子那么袖珍小巧，
即便直立起上身，
也不大会在车站检票口被人注意到，
似乎可以就这样逃过众人眼目，
免费出游世界各地呢。
是人们对兔子的这番想象，催生了
这则谚语呀。

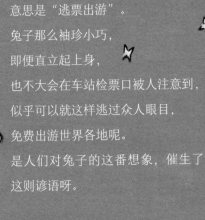

兔子一跳罢了

на заячий скік.

这是乌克兰的一句惯用语，
意思是"一点""些许"。
但实际上，
兔子曾创下约 1 米的跳高纪录，
真是小小的身体里，
蕴含着无穷的跳跃能量！
所以对于兔主人而言，
这句惯用语或许有些
和实际印象不符之处吧。

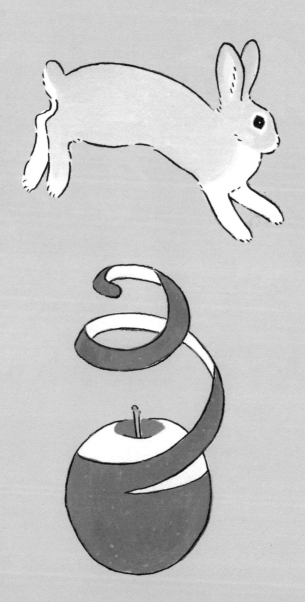

兔子三腿立
ยืนกระต่ายสามขา,

这是一则泰国谚语。

传说过去有位僧人，在为寺院住持烧制好烤全兔后，

由于抵不住美味诱惑，提前吃掉了一条兔腿。

之后他自然遭到住持责问，却只一味嘴硬称，

那兔子原本就只有三条腿。

由此，"兔子三腿立"就用以形容某人坚持己见、顽固不化。

工作不似兔，不会远方逃

Robota nie zając, nie ucieknie.

这是一则波兰谚语，说的是：

工作并不会像兔子一般逃跑消失，

任何时候完成都来得及，

以此提醒人们，

漫漫人生路，工作并非最紧要之事。

据说这则谚语是自俄罗斯谚语——

"工作不似狼，不会森中逃"演化而来的呢。

象入邻镇则变兔

Giwa a wani gari zomo ne.

这是一则源自非洲的豪萨语^①谚语。

比喻当人离开熟悉的环境，

就很难发挥出自身原有的能力。

意思与日本谚语"好似借来的猫"相近。

① 豪萨语为非洲三大语言之一。

兔子必归窝

The hare always returns to her form.

这是一则欧洲地区的谚语。

人们发现兔子绝不会搞错自己的小窝，

便借此比喻：任何人都想落叶归根，

重返自己的儿时记忆之地。

兔子总是惊喜登场

Donde menos se piensa, salta la liebre.

郁郁葱葱的树丛或灌木丛等处，

野兔总会从这些

极其不显眼的地方令人惊喜地跳出！

人们便以此形容机会的突然而至。

这是一则源自西班牙，

随后传播到整个欧洲的谚语。

兔子对山怒，山也难入耳

Tavşan dağa küsmüş, dağın haberi yok.

这是一则土耳其谚语，说的是：

兔子再怎么气呼呼，雄伟之山也不会有一丝一毫的在意。

同义日本谚语还有

"咬紧牙关的沙丁鱼干"和"石龟只能原地踏"。

一般用来形容力量薄弱之人愤怒或悔恨的模样。

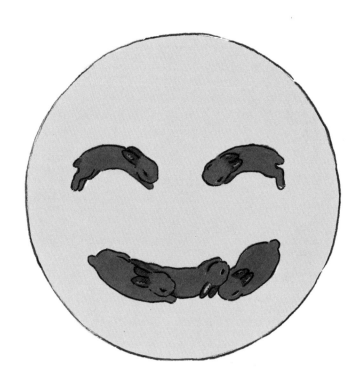

兔子的微笑

risa de conejo.

在西班牙语中，

用"兔子的微笑"一词来表达"假笑"之意。

"假哭"则用的是"鳄鱼的眼泪"（lágrimas de crocodilo）。

和其他国家相比，

西班牙语的表达别有一番讽刺韵味呢。

兔子放屁惊自己

토끼가 제 방귀에 놀란다 .

这是一则韩国谚语。

字面意思是，兔子被自己放屁的声音吓到，

引申用以形容某人因为一件小事战战兢兢，

或者担心自己暗中做的坏事被发现，

因而胆战心惊的样子。

放兔子

poser un lapin.

这是源自法国的一句习惯用语，

字面意思是"某人在自己眼前摆放了只兔子"。

放只可爱的小兔子，听起来好像还挺不错吧？

实际上，它的真正意思是"爽约""放鸽子"。

一般可以这么用："昨天他放我兔子了！"

兔子啃食乌木果，需向鹦鹉表谢意

Bu lëg lekkee aloom, na ko gërëme coy.

这是一则塞内加尔谚语，意思是，

当人享受某事时，

必须感谢帮助自己的人。

谚语中的乌木果为一种非洲特产水果，

传闻说兔子能吃到乌木果，离不开鹦鹉的功劳呢。

兔子能跑难上鞍

Lëg mën naa daw, waaye àttanul teg.

这是一则塞内加尔谚语。

兔子虽然奔跑速度极快，

可是很难像对待马一样给它按上鞍，使其成为人的坐骑。

人们便以此形容，任何人都有自己的极限。

春宵似兔尾

Весенние ночи с заячий хвост.

这是科米共和国^①的一句谚语。
它的意思是，
春夜就如同兔子的尾巴，
短短的，飞逝而过。
秋夜也同样会用兔尾来形容。

---

① 俄罗斯联邦管辖下的自治共和国之一。

第 92 页谜题的答案:

兔子（日语：うさぎ）

·· —	（う）
— · — · —	（さ）
— · — ·· ··	（ぎ）

🐰 参考文献

"A Polyglot of Foreign Proverbs"Henry George Bohn, Arkose Press (2015) / "Introductory Hausa" Charles H. Kraft, Marguerite G. Kraft, Univ of California Pr (2018) / "The Wordsworth Dictionary of Sayings Usual & Unusual" Rodney Dale, Wordsworth Editions (2007) / "Wisdom of the Wolof Sages" Dr. Richard Shawyer (2009) / 『アメリカン・フットボール百科ー勝利への戦略と技術ー』ジョージ・アレン、ダン・ワイスコップ、ベースボール・マガジン社 (1976) / 『いちばんよくわかる!ウサギの飼い方・暮らし方』監修:町田修, 成美堂出版 (2019) / 『ウサギ学ー隠れることと逃げることの生物学』山田文雄, 東京大学出版会 (2017) / 『ウサギにまつわる日中諺の対照比較考察』王雪、浮田三郎, 広島大学国際センター紀要2号 (2012) / 『うさ語辞典』監修:中山ますみ, 学研プラス (2017) / 『園芸植物大事典』塚本洋太郎, 小学館 (1994) / 『おもしろい多肉植物350』長田研, 家の光協会 (2015) / 『現代スペイン語辞典』白水社 (1999) / 『広辞苑　第七版』岩波書店 (2018) / 「諺・民話等にみるモンゴル人の家畜観」鯉淵信一, アジア研究所紀要 (8) (1981) / 『辞書から消えたことわざ』時田昌瑞, KADOKAWA (2018) / 『新うさぎの品種大図鑑』町田修, 誠文堂新光社 (2014) / 『新版　星と星座』監修:渡部潤一、出雲晶子, 小学館 (2020) / 『世界ことわざ辞典』北村孝一, 東京堂出版 (1987) / 『世界ことわざ大事典』柴田武、谷川俊太郎、矢川澄子, 大修館書店 (1995) / 『世界動物大図鑑』デイヴィッド・バーニー、日高敏隆, ネコ・パブリッシング (2004) / 『世界の多肉植物3070種』佐藤勉, 主婦の友社 (2019) / 『世界哺乳類図鑑』ジュリエット・クラットン=ブロック, 新樹社 (2005) / 『タイ語のことわざ・慣用句』シリラックシリマーチャン、大滝ミナ子, めこん社 (2018) / 『多肉植物全書』パワポン・スパナンタナーノン、チャニン・トーラット、ピッチャヤ・ワッチャジッタパン, グラフィック社 (2019) / 『誰も知らない世界のことわざ』エラ・フランシス・サンダース, 創元社 (2016) / 『ドイツ語ことわざ辞典』山川丈平, 白水社 (1975) / 『動植物ことわざ辞典』高橋秀治, 東京堂出版 (1997) / 『捕らぬ狸は皮算用?』亜細亜大学ことわざ比較研究プロジェクト, 白帝社 (2003) / 「日独イディオム比較・対照ー動物名を構成要素とするイディオム表現」かいろす42号, 植田康成 (2004) / 『フランスことわざ名言辞典』渡辺高明、田中貞夫, 白水社 (1995) / 『ミニマムで学ぶ　スペイン語のことわざ』星野弥生, クレス出版 (2019) / 『モンゴル語ことわざ用法辞典』塩谷茂樹、E.プレブジャブ, 大学書林 (2006)

協力

- ●北村孝一（ことわざ学会）
- ●長井市教育委員会
- ●山本茉莉

出 品 人：许　永
责任编辑：许宗华
特邀编辑：何青泓
封面设计：刘晓昕
内文制作：万　雪
印制总监：蒋　波
发行总监：田峰峥

发　　　行：北京创美汇品图书有限公司
发行热线：010-59799930
投稿信箱：cmsdbj@163.com